Jens Göritz

Die bionische Anwendbarkeit des Prinzips der Facettenaugen

GRIN Verlag

Bibliografische Information der Deutschen Nationalbibliothek:

Die Deutsche Bibliothek verzeichnet diese Publikation in der Deutschen National-
bibliografie; detaillierte bibliografische Daten sind im Internet über http://dnb.d-
nb.de/ abrufbar.

Impressum:

Copyright © 2008 GRIN Verlag, Open Publishing GmbH
Druck und Bindung: Books on Demand GmbH, Norderstedt Germany
ISBN: 978-3-640-72490-1

Veranstaltung: Bionik (ISA-Modul)
Trimester: Frühjahrstrimester 2008

Die bionische Anwendbarkeit des Prinzips der Facettenaugen

Hausarbeit

1. Einleitung 3

2. Bionik als Wissenschaft 4

   2.1 Begriffsabgrenzung 5

   2.2 Unterdisziplinen 6

3. Sehorgane 8

4. Anwendung auf die Bionik 10

   4.1 Das Mottenaugenprinzip 10

   4.2 Selbststeuernder Roboter 11

   4.3 Kameras mit „Facettenaugen" 13

      4.3.1 Stanford-University 13

      4.3.2 Fraunhofer-Institut 14

      4.3.3 Berkeley- University of California 15

5. Zusammenfassung und eigene Meinung 16

6. Literaturverzeichnis 18

7. Abbildungsverzeichnis 20

1. Einleitung

Eine bewährte Technik etwas Neues zu Lernen, ist das Nachahmen. Kinder, selbst Tiere lernen auf diese Art und Weise.[1] Da Vincis Studien beruhten auf Beobachtungen von Vögeln, schon er erkannte das Potenzial, welches die Natur in sich birgt. „Heute interessieren sich mehr und mehr Forscher (auch in der industriellen Entwicklung) für diese Art des Lernens, des Entwickelns."[2]

„Im 20.Jahrhundert erlebte eine große Anzahl von Wissenschaften die Stunde ihrer Geburt, und auch heute ist diese Entwicklung noch nicht zum Stillstand gekommen. Unter den vielen in den letzten Jahren entstandenen sowie gegenwärtig entstehenden Wissenschaftsdisziplinen erlangten wohl nur sehr wenige eine derart stetig wachsende Popularität wie die Bionik."[3] Was aber ist Bionik und wie funktioniert sie? Ziel dieser Arbeit soll es sein, die Bionik als Wissenschaft vorzustellen, sowie die Frage des evolutionären Vorteils von Insektenaugen und dessen bionisch sinnvolle Umsetzung zu betrachten und darzustellen. Um diese Aufgaben zu erfüllen ist die vorliegende Arbeit wie folgt gegliedert. Nach einer kurzen Einleitung in das Thema, wird im zweiten Kapitel die Bionik als Wissenschaft vorgestellt. Dabei wird auf die Entstehung der Bionik sowie die Herkunft des Begriffes eingegangen. Im weiteren Verlauf des zweiten Kapitels wird eine Differenzierung der Bionik zur technischen Biologie vorgenommen woraufhin am dem Ende des zweiten Kapitels auf die Teilgebiete der Bionik eingegangen wird. Kapitel drei liefert die notwendigen Kenntnisse über die für diese Arbeit relevanten Sehorgane und geht auf die Vorteile des Sehorgans von Gliederfüßern gegenüber dem Menschen ein. Resultierend aus den Vorteilen, wird im vierten Kapitel auf die bionisch sinnvolle Nutzung dieser eingegangen. Anhand von drei ausgewählten Beispielen soll verdeutlicht werden, wo das Prinzip der Facettenaugen angewendet werden kann und wie man dieses technisch nutzbar macht. Der Schlussteil dieser Arbeit enthält eine Betrachtung der Gesamtthematik und gibt die persönliche Meinung des Verfassers wieder.

---

[1] Kleisny 2001, S.11
[2] Kleisny 2001, S. 11f.
[3] Heynert 1976, S. 7

2. Bionik als Wissenschaft

Bereits Ende der vierziger Jahre des 20. Jahrhunderts, beschäftigte sich Max Otto Kramer, ein deutscher Wissenschaftler und Luftfahrtingenieur, mit dem Aufbau der Delfinhaut, welche einen äußerst geringen Strömungswiderstand aufweist. Des Weiteren übertrug er seine gewonnenen Erkenntnisse auf Umhüllungen von Unterwasserfahrzeugen, was dazu führte, dass auch bei diesen, wie erhofft, der Strömungswiderstand abnahm. Kramer kopierte das Prinzip der Delfinhaut nicht einfach, sondern setzte die wesentlichen Wirkprinzipien um. Diese Verfahrensweise stellt auch heute noch das Grundprinzip, der zu diesem Zeitpunkt noch nicht existenten Wissenschaft, der Bionik dar.

Der amerikanische Wissenschaftler John E. Keto, begründete Mitte der fünfziger Jahre des 20. Jahrhunderts ein neues Forschungsgebiet, dessen Ziel es sein sollte, biologische Systeme auf technisch interessante Fähigkeiten hin zu untersuchen und die gewonnenen Ergebnisse zusammenzutragen, zu analysieren und anschließend an Entwicklungsgruppen der Physik und Elektronik zu übergeben. Diese anfänglichen Untersuchungen beschränkten sich jedoch lediglich auf biologische Systeme, die einen vermeintlichen Nutzen für die Forschungsgebiete der Signalermittlung und –übermittlung, sowie der Informationsverarbeitung und –kontrolle aufweisen sollten.[4]

Innerhalb der nächsten Jahre nahm dieses neue Forschungsgebiet immer konkretere Formen an, so dass mit Unterstützung der Wright Air Development Division vom 13. bis 15. September 1960 ein Kongress zum Thema „Bionik" stattfand. Dieser Kongress wird in der Literatur auch als Geburtsstunde des Begriffes „Bionik" bezeichnet, wobei sich Experten bis heute nicht vollends einig darüber sind. Man ist sich bis heute strittig darüber, ob der Begriff „Bionik" ein Kunstwort aus den Begriffen Biologie und Technik bzw. Elektronik ist, welches vom amerikanischen Luftwaffenmajor J.E. Steel geprägt wurde oder aber aus dem griechischen Wortstamm „bios", was so viel wie Leben bedeutet und dem Suffix „-onics" übersetzt „Studium von" abgeleitet wurde.[5] Für beide Varianten gibt es jedoch keinerlei Beweis.[6] Im Laufe der Zeit also gut 45 Jahre später hat sich die Bionik zu einer eigenständigen Wissenschaft entwickelt, die schon

---

[4] vgl. Heynert 1976, S.30
[5] vgl. Heynert 1976, S.30
[6] vgl. Nachtigall 1998, S. 6

beeindruckende Ergebnisse hervorgebracht hat und auch für die Zukunft ein hohes Potential an weiteren Ergebnissen in sich birgt, was sich anhand vieler geplanter Forschungsprojekte erkennen lässt so zum Beispiel das Bestreben nach dem Prinzip der Künstlichen Photosynthese und die Generierung biologischer Algorithmen. [7]

2.1 Begriffsabgrenzung

Beschäftigt man sich mit dem Begriff „Bionik", so ist es unumgänglich auch den Begriff „Technische Biologie" zu erörtern. Die Technische Biologie, ein Teilgebiet der klassischen Biologie, ist Grundlagenforschung, die es mit analysierenden Methoden der Chemie und Physik ermöglicht, natürliche Gegebenheiten unter technischen Gesichtspunkten zu betrachten und die daraus resultierenden Ergebnisse unter anderem der Bionik zur Verfügung zu stellen.

„Bionik als Wissenschaftsdisziplin befaßt sich systematisch mit der technischen Umsetzung und Anwendung von Konstruktionen, Verfahren und Entwicklungsprinzipien biologischer Systeme."[8] Erforscht man beispielsweise die Hautstruktur schnellschwimmender Haie, so lässt sich feststellen, dass die Schuppen des Haifisches, kleine Längsrillen aufweisen, die den Strömungswiderstand verringern können. Bis zu diesem Punkt der Forschung redet man von der Technischen Biologie. Um Bionik handelt es sich am hier gewählten Beispiel erst dann, wenn diese gewonnenen Erkenntnisse technisch umgesetzt werden, z.B. bei der Herstellung widerstandsreduzierender künstlicher Rillenstrukturen, wie man sie zum Teil aus dem Schwimmsport, in Form von Schwimmanzügen, kennt.[9] Es sei darauf verwiesen, dass Bionik nicht das bloße Kopieren und anschließende Bilden technischer Applikationen von Wirkprinzipien der Natur ist, sondern die Übernahme von Anregungen und Impulsen für die technische Gestaltung, welche nach Gesichtspunkten der Ingenieurswissenschaften erfolgt, darstellt.[10] Technische Biologie und Bionik sind also eigenständige wissenschaftliche Disziplinen, die sich gegenseitig ergänzen.

---

[7] vgl. http://www.bionik.tu-berlin.de/institut/skript/B1Fol11.ppt#3 ; Stand ; nicht bekannt

[8] Nachtigall 1996, S.16
[9] vgl. Nachtigall 1996, S.16
[10] vgl. http://www.uni-saarland.de/fak8/bi13wn/wabionik.htm#BM2 ; Stand ; 31.05.2007

Ohne die Technische Biologie könnte man keine Bionik „betreiben" und ohne Bionik würden die Ergebnisse der technischen Biologie nicht aufgegriffen, aufbereitet und der Technik zur Verfügung gestellt werden, in der sie dann ihre praktische Umsetzung finden.

2.2 Unterdisziplinen

Bionik als eine Wissenschaft mit immer neuen Entdeckungen, Entwicklungen und Anwendbarkeiten in den unterschiedlichsten Bereichen, macht es notwendig eine sinnvolle Einteilung zu treffen, die sich auf die spezifischen bionischen Anwendungen bezieht. Zum aktuellen Zeitpunkt wird die Bionik in zwölf Teilgebiete untergliedert, die hier im Kurzen vorgestellt werden sollen. Das erste Teilgebiet beschäftigt sich mit der allgemeinen historischen Entwicklung der Bionik und versucht diese anhand von ausgewählten Beispielen, wie z.B. Leonardo da Vincis Skizzen zum Schwingenflieger, die er auf Grundlage von Studien der Anatomie von Vögeln und deren Flugeigenschaften anfertigte, zu erläutern. Die Strukturbionik untersucht biologische Strukturelemente hinsichtlich der Nutzbarkeit von Materialien und deren Anwendbarkeit für technische Großstrukturen, während die Baubionik sich damit befasst, wie man eine natürliche Bauweise gewährleisten kann, die sich vor allem auf Materialien (z.B. Lehm) und belastbare Leichtbaukonstruktionen (z.B. Spinnennetze) konzentriert. Prinzipien der passiven Belüftung, Kühlung und Heizung sind wesentliche Elemente der Klimabionik. Der Zweig Konstruktionsbionik analysiert und vergleicht Konstruktionselemente der biologischen und technischen Welt um daraus Gesamtkonstruktionen abzuleiten. So entstand unter anderem das Prinzip des Klettverschlusses. Laufen, Schwimmen und Fliegen sind die Hauptbewegungsarten auf unserem Planeten, die Bewegungsbionik erforscht unter anderem die Frage der Strömungsanpassung bewegter Körper, sowie der Antriebsmechanismen von Bewegungsorganen. Die Entwicklung von Gesamtkonstruktionen, vor allem im Bereich der Pumpen- und Fördertechnik, sowie der Hydraulik und Pneumatik findet in der Gerätebionik, die aus der Kooperation mit der Struktur- und Konstruktionsbionik resultiert, ihre Anwendung. Die Anthropobionik hat ihren Schwerpunkt in der Robotik und der Mensch-Maschinen-Interaktion. Das Monitoring von physikalischen und chemischen Reizen, sowie Ortung und Orientierung in der Umwelt sind der Sensorbionik, die im Laufe dieser Arbeit anhand eines Anwendungsbeispieles noch vertieft wird, zugehörig. Ferner wird die Neurobionik, die sich der Datenanalyse und Informationsverarbeitung widmet, als Bestandteil, der in dieser Arbeit ausgewählten Beispiele, weiter vertieft. Ansatzpunkt der Verfahrensbionik sind die Verfahren, mit der die Natur unter anderem Vorgänge und Umsätze steuert, die zum Erhalt dieser Systeme beitragen. Als zwölftes und letztes Teilgebiet ist die Evolutionsbionik zu nennen, welche versucht, die Verfahren der natürlichen Evolution technisch nutzbar zu machen.[11]

Heute, wie auch in der Zukunft, wird es auf Grund genau dieses breiten Spektrums an Teilgebieten, welche so unterschiedliche Forschungsansätze aufweisen, äußerst wenige Bionik-Institute in Universitäten geben, die das gesamte Spektrum bionischer Anwendungen respektive mehrerer Teilgebiete abdecken können. Die wenigen universitären Bionik-Institute befassen sich schon heute „nur" mit einem Spezialgebiet, in dem sie dann intensivste Forschungen betreiben.[12]

---

[11] vgl. Nachtigall 1998, S.19-25
[12] vgl. Kleisny 2001, S. 21

3. Sehorgane

Fliegen orientieren sich mit 100 statt wie die meisten Lebewesen mit 2 Augen. Welcher evolutionäre Vorteil steckt dahinter? Diese Frage zu beantworten, bedarf es einer Betrachtung der beiden unterschiedlichen Augenarten und der Herausstellung der wesentlichen Vorteile des Prinzips der „Fliegenaugen".

„Wer auf vieler Feinde Speiseplan steht, sollte seine Augen überall haben. Gemäß dieser Maxime haben Insekten einen optischen Apparat entwickelt, mit dem sie vorn und hinten zugleich im Blick haben und Blumen, Beute sowie Bewegungen in der Nähe blitzschnell erkennen können: das Facettenauge."[13] Als Facetten- oder Komplexaugen bezeichnet man den bei Gliederfüßern vorkommenden Augentyp. Die Besonderheit dieses Augentyps besteht darin, dass sich ein Auge aus mehreren, bei einigen Insekten wie z.B. den Libellen, sogar aus bis zu 30.000 Einzelaugen, den so genannten Ommatidien, die in Abb.1 erkennbar sind, zusammensetzt. Die Form der Facettenaugen ist meistens annähernd halbkugelförmig, was zur Folge hat, das jedes Ommatidium geringfügig in eine andere Richtung blickt. Wie Abb.1 schon verdeutlicht, befinden sich die Facettenaugen an beiden Seiten des Insektenkopfes, wo sie starr mit der Kopfkapsel verbunden sind und nicht bewegt werden können. Die Größe der Augen und die Anzahl der Ommatidien variiert je nach Lebensweise. Bei schnell fliegenden und räuberischen Arten, machen sie 70% bis 90% der Kopffläche aus. Auf den

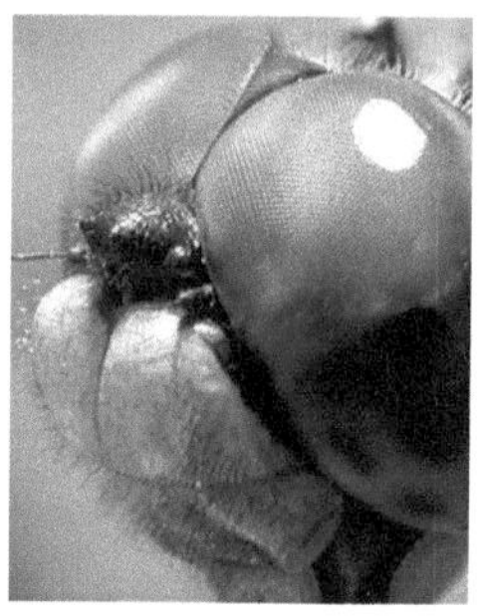

Abb. 1

genaueren Aufbau und die Funktionsweise des Ommatidiums soll an dieser Stelle verzichtet werden.

Auch wenn der Mensch auf keinerlei Speiseplan steht, so kommt dem Lichtsinn eine immense Bedeutung zu. Das Auge gilt als eines der wichtigsten Sinnesorgane, durch das mehr als ein Drittel aller Informationen über die Welt aufgenommen wird[14] ferner ermöglicht es eine sichere Orientierung. Im Unterschied zu den Gliederfüßern besitzen Säugetiere und andere Lebewesen

---

[13] http://www.spektrumdirekt.de/sixcms/media.php/924/bionik.pdf ; Stand: 25.06.2007
[14] vgl. Heynert 1976, S.107

Linsenaugen, die jeweils eine einzige Linse aufweisen. Es gibt also keine Einteilung in Einzelaugen. Die ausführliche Beschreibung des Aufbaus und des Funktionsprinzips des menschlichen Linsenauges soll an dieser Stelle ebenfalls nicht stattfinden.

Welcher evolutionäre Vorteil verbirgt sich denn nun hinter dem Prinzip der Facettenaugen? Einer der prägnantesten Vorteile ist zweifelsfrei die Fähigkeit den gesamten Raum ohne eine Kopfbewegung erfassen zu können. Ursache dieser Fähigkeit, sind die vorhin schon erwähnten Ommatidien, die alle einen unterschiedlichen Blickwinkel aufweisen, wodurch es dazu kommt, dass die einzelnen Bildpunkte, die durch die Ommatidien empfangen werden, zu einem vollständigen Umgebungsbild zusammengesetzt werden. Hinzu kommt die Fähigkeit Bilder annähernd in gleicher Auflösung zu sehen, während sich beim Linsenauge die scharfe Abbildung auf die Bildmitte beschränkt und nach außen hin unscharf wird. Der Lichtsinn, also das Wahrnehmen optischer Reize spielt auch bei der Flucht vor Feinden eine entscheidende Rolle, so ist beispielsweise die Hausfliege, Musca domestica, in der Lage schnell verlaufende Prozesse zu erfassen, was so viel bedeutet, dass sie pro Sekunde etwa 200 Bilder auffassen kann, während das menschliche Auge lediglich 60 Bilder pro Sekunde wahrnehmen kann.[15] Auch andere Gliederfüßer sind befähigt solch eine Menge von Bildern zu erfassen. Untersuchungen des Pfeilschwanzkrebses, Limulus polyphemus, ergaben, dass dieser starke Kontraste zwischen Hell-Dunkel-Grenzen sehen und auch Bewegungskontraste verstärkt auffassen kann. Bienen, Wespen, Spinnen und weitere, besitzen auch die Fähigkeit unterschiedlich polarisiertes Licht unterscheiden zu können, was ihnen wiederum eine exakte Lichtkompassorientierung ermöglicht. Die aufgezählten Beispiele sind bei weitem noch nicht alle evolutionären Vorteile, jedoch die prägnantesten, die auch das Interesse der Bionik geweckt haben und die nun auf ihre technische Umsetzung „warten".

---

[15] http://www.uni-saarland.de/fak8/bi13wn/tv/artikel/roboter.htm ; Stand: 31.05.2007

4. Anwendung auf die Bionik

Im Folgenden wird nun illustriert, welche bionisch sinnvolle Nutzung, sich mit dem im Verlauf dieser Arbeit vorgestellten Prinzip der Facettenaugen erreichen lässt. Die aufgeführten Beispiele sind Forschungsgruppen entnommen und stellen zum Teil Zukunftsprojekte dar.

4.1 Das Mottenaugenprinzip[16]

Die Entstehung der in diesem Beispiel erläuterten Oberflächenstrukturen, folgt dem klassischen Beispiel einer Bionischen Entwicklung. Anfangs ermittelte die technische Biologie mit Hilfe der analysierenden Methoden der Physik und Chemie die Funktionsweise des biologischen Systems und gewann daraus die notwendigen Anregungen für die technische Lösung des Problems der Reflexion von bestimmten Oberflächen. Die Bionik griff dann die Erkenntnisse auf und stellte sie der Technik zur Umsetzung zur Verfügung.

Das Mottenaugenprinzip beschäftigt sich mit der Herstellung reflexionsvermindernder Oberflächen, die vor allem in der Technik eine wichtige Rolle spielen. Eines der Anwendungsgebiete bezieht sich auf die Solartechnik. Ziel einer Solarzelle ist es, eine möglichst hohe Lichtausbeute zu erzielen, wobei man das Auftreten von Reflexionen an der Außenschicht bis heute versucht, durch den Einsatz teurer Oberflächenbeschichtungen wie Kryolith oder Magnesiumfluorid, zu verringern. Die eben erwähnten Werkstoffe sind jedoch mit hohen Herstellungskosten verbunden, was sich wiederum auf den Endpreis auswirkt. Weitere negative Aspekte liegen in der geringen Bandbreite Entspiegelung und der schlechten Haftung an Kunststoffoberflächen. Das Mottenauge, welches den Facettenaugen zuzuordnen ist und wie vorhin schon erwähnt aus einzelnen hexagonalen Ommatidien besteht, deren Durchmesser sich auf 15 bis 40µm beläuft, weist auf jedem dieser Einzelaugen eine submikroskopische Oberflächenstruktur auf, wie sie in Abb.2 zu sehen ist. Diese Oberflächenstruktur befindet sich an der Grenzfläche von Luft zur Cornealinse. Das Zusammenwirken von Grenzfläche und Submikrostruktur führen dazu, dass

---

[16] vgl. http://www.sgersing.de/pdf/SFT015.pdf ; Stand: unbekannt

Oberflächenreflexionen unterdrückt werden. Für die Motte ergeben sich daraus eine gesteigerte Sehfähigkeit um ~5% gegenüber glatten Oberflächen sowie eine verbesserte Tarnung in der Dunkelheit, da eine geringere Reflexion ein Leuchten der Augen verhindert.

Für die Technik resultiert daraus die Möglichkeit, durch

Abb. 2

holografische Belichtung künstliche Mikrostrukturen zu erzeugen und diese in einem Galvanisierungsprozess auf Nickelmaster abzuformen. Das Institut für solare Energiesysteme beim Fraunhoferinstitut ist in der Lage Mottenaugenstrukturen bis zu einem Durchmesser von 25cm herzustellen, wobei die Größe von der jeweiligen Periode abhängt. Das Fraunhoferinstitut für Silikatforschung hat eine Schicht entwickelt, die es auf Grundlage des eben genannten Prägeverfahrens ermöglicht, transparente Medien zu entspiegeln und die visuelle Transmission von Glas, von 91,5% auf über 98% und die solare Transmission von 90,7% auf 94.3% zu steigern. Die Abformung in Polymethylmethacrylat (PMMA)(Abb.3) erhöht die visuelle Transmission von 92,5% auf 99,0% sowie die solare Transmission von 89,4% auf 94,9%. Diese Zahlen verdeutlichen den Erfolg der vorgestellten Methoden bezüglich der Effizienz bei Solarzellen

Abb. 3

sowie der Entspiegelung optischer Systeme und schlagen die anfangs vorgestellten Beschichtungen auch in Sachen Kosten.

4.2 Selbststeuernder Roboter[17] [18]

Die Forschungsgruppe um Prof. Dr. Franceschini beschäftigt sich mit der Entwicklung selbst steuernder Roboter, die befähigt sein sollen, auftretende Hindernisse zu erkennen und diesen auszuweichen. Ziel dabei ist es jedoch ein Sensorsystem zu entwickeln und nicht wie schon geschehen Karten zu speichern, anhand derer sich der Roboter orientiert. Die Lösung dieses Problems fand man nicht etwa in komplizierten Sensorsystemen sondern wiederum im Prinzip der

---

[17] vgl. Nachtigall 1998, S.198ff.

[18] vgl. http://www.uni-saarland.de/fak8/bi13wn/wabionik.htm#BM2 ; Stand ; 31.05.2007

Facettenaugen. Insekten mit ihren Komplexaugen schlagen den Menschen mit seinen Linsenaugen in Bezug auf die Schnelligkeit der Orientierung um ein Vielfaches. Tiefgreifende Untersuchungen an Fliegen[19] verdeutlichten das Prinzip der schnellen Orientierung durch die Facettenaugen und die dabei ablaufenden Prozesse der Signalerzeugung und -verschaltung. Während des Fluges, nimmt die Fliege kontinuierlich optische Signale auf. Kommt es nun zu einer Veränderung in der Umwelt, beispielsweise durch ein plötzlich auftretendes Hindernis, so verändern sich die optischen Signale und die Neuronen der Fliege reagieren auf die Lichtimpulse und geben Aufschluss über den Bewegungszustand oder den Ort des Fremdkörpers. Allein die Lokalisierung des Fremdkörpers reicht jedoch nicht aus, um diesem nun ausweichen zu können. Die Fliege bzw. das System muss in der Lage sein, die relative Winkelgeschwindigkeit des Fremdkörpers in Bezug auf die eigene Bahn zu ermitteln, um anschließend das Ausweichmanöver einleiten zu können. Auf Grundlage dieser Erkenntnisse begann man sich damit zu beschäftigen, ob man sich diese Fähigkeit technisch nutzbar machen könne. Die technische Umsetzung fand in Form eines Demonstrators statt. Dieser besitzt einen Sehapparat, welcher aus 100 Sehzellen besteht, die dem Facettenauge der Fliege nachgebildet sind. Die kreisförmige Anordnung der Sehzellen dient dazu die gesamte Umgebung beobachten zu können. Wenn der Roboter jetzt fährt, nimmt er über die Sehzellen Licht auf und wandelt dieses aufgefangene Licht in elektrische Impulse um, und verarbeitet diese mit Hilfe der Elementaren Bewegungsdetektoren (EMDs) nach dem Vorbild der Fliege und sendet sie an die Steuereinheiten des Roboters. Dieser Vorgang geschieht jedoch unter permanenter Verrechnung der optischen Daten, seiner Eigenbewegung sowie der Richtung des Zielpunktes (Translationsphase). Tritt nun ein Hindernis auf, folgt die so genannte Sakkaden-Phase, in der der Roboter auf Grundlage der vorher gesammelten Informationen seinen Körperwinkel in die passende Richtung wendet. Tritt kein Hindernis auf, so reihen sich die Translationsphasen aneinander und der Roboter bewegt sich mit gleichmäßiger Geschwindigkeit und gleichgerichtet. Grundvoraussetzung für die Funktion des Roboters sind auftretende Bewegungen. Sind keine relativen Bewegungen vorhanden, ist das System blind. Die hier vorgestellte Fähigkeit des selbstständigen Orientierens bzw. „sehender" Roboter bietet ein hohes Entwicklungspotential und ein hohes

---

[19] vgl. Franceschini 1996 In: BIONA-report 1996 S. 47

Maß an Übertragbarkeit auf die unterschiedlichsten ökonomischen Nischen. So wäre es denkbar, dass man solche Systeme z.B. zur Verkehrskontrolle, Überwachung von Kernkraftwerken, Erfüllung militärischer Aufträge[20] oder zur Bewältigung von Ausnahmesituationen im zivilen Bereich[21] einsetzt. Auch die Anwendung bei einem Projekt (EUREKA Prometheus Project)[22], zum Thema selbstfahrender Autos , welches von 1987-1995 betrieben wurde und deren Kernziel noch immer verfolgt wird, wie unter anderem ein aktuelles Projekt[23] der Universität der Bundeswehr München aufzeigt, wäre denkbar.

4.3 Kameras mit „Facettenaugen"

Das folgende Unterkapitel wird sich auf die Produktion neuartiger Kameras beziehen. Alle Forschungsansätze finden ihren Ursprung im Facettenaugenprinzip und wurden von den genannten Einrichtungen verschieden interpretiert und umgesetzt.

4.3.1 Stanford-University[24]

Forscher der Stanford-University wollen eine Multiblendenkamera entwickeln, die auf dem Prinzip der Facettenaugen basiert. Die Kamera soll anstelle eines normalen Sensors mit Mikrokameras ausgestattet werden, die dazu beitragen detaillierte räumliche Informationen zu liefern. Diese Technik würde für die Produktion von Gigapixel-Kameras von Bedeutung sein. Ein erster Prototyp bringt es auf 12616 kleine Objektive. Jede dieser kleinen Linsen erfasst dabei 256 Pixel. Anders formuliert bedeutet das, dass man viele Kameras auf einem Chip vereint hat. Der große Vorteil der Kamera besteht darin, dass die Objektivlinse nicht direkt auf dem Sensor fokussiert, sondern 40 Mikrometer davor. Das heißt, dass jeder Punkt eines Bildes von mindestens vier der kleinen Kameras erfasst wird. Daraus resultierend ergeben sich viel mehr Informationen bezüglich eines einzelnen Punktes, die im Bild nicht sichtbar sind, auf Datenbasis jedoch vorliegen. Die Verwertung dieser Informationen bietet viele Möglichkeiten. Solche Kameras,

---

[20] vgl. http://www.m-elrob.eu/ ; Stand : 18.05.2008
[21] vgl. http://www.c-elrob.eu/ ; Stand : 18.05.2008
[22] vgl. http://en.wikipedia.org/wiki/EUREKA_Prometheus_Project ; Stand: November 2007
[23] vgl. http://www.golem.de/0708/54280.html ; Stand: 23.08.2007
[24] vgl. http://www.dasauge.at/aktuell/foto_film/e1058?bild=1469 ; Stand: 25.03.2008

könnten im Sicherheitsbereich zur Personen- oder Gesichtserkennung eingesetzt werden. Ferner bieten sie kreative Anwendungsmöglichkeiten, beispielsweise bei Bildbearbeitungsprogrammen oder der Produktion von dreidimensionalen Bildern. Auch die Robotik wäre ein Gebiet, in der dieses Projekt Anwendung finden könnte und dazu beitragen könnte die räumliche Wahrnehmung von Robotern zu verbessern.

4.3.2 Fraunhofer-Institut[25]

Auch Forscher vom Fraunhofer-Institut für Angewandte Optik und Feinmechanik forschen an einem ultraflachen Kamerasystem auf Basis der Facettenaugen. Die Vorteile des hohen Bildfeldes und der geringen Ausmaße, trieb die Entwicklung solch einer flachen Kamera an. Prototypen sind dünner als 0,4 Millimeter. Anwendungsbereiche „…sind all jene, in denen die aufklebbaren Sensorhäute ihre geringe Stärke ausspielen können."[26] Die Fertigung der Kamerasysteme erfolgt auf Wafern, runde oder quadratische ca. 1mm dicke meist aus Silicium gefertigte Grundplatten, die in der Halbleiter-, Photovoltaikindustrie und Mikromechanik Anwendung finden, um die Kosten so gering wie möglich zu halten. Der entscheidende Schritt ist die Umsetzung der Kameras in taugliche Serienmodelle, wobei die Verbindung der Linsensysteme mit Empfängerarrays die Grundvoraussetzung darstellt. Die gesamte Einheit, also Optik und Elektronik wären dann circa 0,8 Millimeter stark. Die Verwendung in Chipkarten als Missbrauchschutz, als Fahrerassistenzsystem und als Warnvorrichtung vor Sekundenschlaf, sind nur einige denkbare Anwendungsmöglichkeiten in der Praxis.

---

[25] vgl. http://www.photoscala.de/Artikel/Papierduenne-Kamera-nach-dem-Prinzip-von-Insektenaugen ; Stand: 15.06.2004
[26] http://www.photoscala.de/Artikel/Papierduenne-Kamera-nach-dem-Prinzip-von-Insektenaugen ; Stand: 15.06.2004

4.3.3 Berkeley- University of California[27]

Ein weiteres Praxisbeispiel impliziert ebenfalls die Herstellung einer Kamera, jedoch wurde ein anderer Ansatz gewählt. Bioniker der Universität Kalifornien haben, was lange Zeit als unmöglich galt, ein künstliches Facettenauge gebaut. Man produzierte Linsen von etwa 25 Mikrometern Durchmesser und daran anschließende Lichtleiter von 300 Mikrometern Länge. Wichtig dabei ist, dass wie in der Natur, die Anordnung zueinander so präzise wie möglich ist, um kein Licht zu verlieren. Sind alle künstlichen Ommatidien konstruiert, müssen sie so ausgerichtet werden, dass das aufgenommene Licht auf einen Detektor gelenkt wird. Um diesen Schritt zu vollziehen bediente sich das Forschungsteam eines eigenen Weges. Man konstruierte das Gesamtauge und ließ das Licht den Rest der Arbeit erledigen. Es bohrte sich seine Leiterbahnen selbst. Die Wissenschaftler erstellten eine Schicht von winzigen Linsen, die sie mit einem elastischen Material (Polymer) überzogen, anschließend drückten sich die Linsen in dem Kunststoff ab. Nun konnte man den Kunststoff, mit Hilfe von Unterdruck in die gewünschte Halbkreisform bringen. Die weitere Produktion verlief so, dass man das Harz aushärten lassen musste, dazu lenkte man ultraviolettes Licht auf den Rohling, an dem sich nun das Licht wie an einer Mikrolinse brach. Nach diesem Arbeitsschritt lag das polymerisierte Material vor, welches einen veränderten Brechungsindex aufwies und eine Art Lichtleiter ausbildete, der exakt zur Geometrie der zugehörigen Mikrolinse passte. Die vollständige Konstruktion des künstlichen Auges ist jedoch noch nicht abgeschlossen, da es noch keinen Rezeptor am Ende des Lichtleiters gibt. Doch für dieses Problem gibt es bereits weitere Lösungsansätze, wie etwa elektronische CCD-Sensoren oder Spektroskope, die einfallendes Licht in seine Wellenlängenbestandteile zerlegen und analysieren. Die erfolgreiche Umsetzung der Optik, als komplexester Bestandteil der Mikrokomplexkamera lässt auf die vollständige Konstruktion hoffen, die in vielen Gebieten Anwendung finden könnte. So wäre es durchaus denkbar, die heutigen Endoskope in der Medizin zu ersetzen, da diese für bestimmte Körperbereiche einfach zu groß sind. Der Einsatz für Überwachungsaufgaben, wäre durch den Rundumblick ebenfalls denkbar.

---

[27] vgl. http://www.photoscala.de/Artikel/Papierduenne-Kamera-nach-dem-Prinzip-von-Insektenaugen ; Stand: 15.06.2004

5. Zusammenfassung und eigene Meinung

Ziel dieser Arbeit war es die Bionik als Wissenschaft vorzustellen und die bionisch sinnvolle Anwendbarkeit des Prinzips der Facettenaugen anhand ausgewählter Beispiele darzustellen. Wie die Beispiele aufzeigen, ist die Bionik eine Wissenschaft, welche Anwendung in den unterschiedlichsten technischen Bereichen findet und äußerst vielfältig ist. Allein das vorgestellte Prinzip der Facettenaugen kann sowohl in der Autoindustrie, der Entwicklung von Robotern, der Sicherheitsindustrie, der Rüstungsindustrie als auch in der Fotoindustrie angewandt werden und bietet darüber hinaus zahlreiche weitere Felder der Nutzung. Die Natur hat über Millionen von Jahren ausgeklügelte Verfahren, Systeme und Konstruktionen geschaffen, die menschliche Konstruktionen in den Schatten stellen. Gleichwohl in welchem Bereich man anfängt zu suchen, die Natur stellt ein riesiges Repertoire an Lösungen zur Verfügung, die viele Probleme wie z.B. Platzmangel auf Grund der zunehmenden Weltbevölkerung, der dadurch behoben werden könnte, dass immer neue Baumaterialien entwickelt werden, die immer größeres bzw. höhere Bauten ermöglichen, lösen könnte.

Die Bionik leistet jedoch mehr als nur biologische Prinzipien in technische umzusetzen und Probleme der Technik zu lösen, sie fördert die Verständigung zwischen Wissenschaften, die vorher eigene Wege gegangen sind. So kommt es, dass Biologen und Ingenieure gemeinsame Projekte ins Leben rufen und bewältigen.

Etwas skeptisch betrachte ich die Erforschung bzw. die Entwicklungen im Bereich der Anthropobionik, sei es auf ziviler oder militärischer Ebene, da dies ein Bereich ist, der schnell an ethische Grenzen stößt. Hier stellt sich die Frage, wie intelligent darf eine Maschine sein, wie viele Maschinen sind tragbar und wie viele menschliche Eigenschaften darf sie besitzen. Forschungen, die in diese Richtung zielen sind kritisch zu beobachten und zu reglementieren. Schon frühere Erfindungen, die einem rein technischen Interesse galten, wie z.B. die Kernspaltung oder Dynamit wurden zum Schaden der Menschheit eingesetzt, weil sie in die falschen Hände gerieten. Die Bionik sollte einen Segen und keinen Fluch für die Menschheit darstellen, wozu sie durchaus in der Lage wäre. Ein nicht weniger bedeutender Punkt ist die aufkommende Euphorie, welche schon in den siebziger Jahren die Bionik in eine Pseudowissenschaft verwandelte. Grund dafür waren zahlreiche Projekte, welche gescheitert sind, weil entweder mit falschen Ansätzen gearbeitet wurde, oder der erhoffte Erfolg von Projekten ausblieb. So kam es, dass die Bionik an Ansehen verlor. Auch heute gibt es noch viele Produkte, deren „bionische" Herkunft angepriesen wird, sie im Grunde aber nichts mit Bionik zu tun haben. All diese von mir aufgeführten Kritikpunkte sind meiner Meinung nach Probleme, denen sich die Bionik, jetzt oder in der Zukunft stellen werden muss. Ein Zitat von Wernher von Braun soll meine Arbeit beenden und meine Meinung nochmals verdeutlichen sowie zu einer kritischen Betrachtung dieses Themas beitragen.

Die Wissenschaft hat keine moralische Dimension. Sie ist wie ein Messer. Wenn man sie einem Chirurgen und einem Mörder gibt, gebraucht es jeder auf seine Weise.[28]

Wernher von Braun, 23.03.1912-16.06.1977
dt.-US-amerik. Raketenforscher und Ingenieur

---

[28] http://zitate.net/zitat_1205.html

6. Literaturverzeichnis

Monografien und Zeitschriften:

- Franceschini, N., u.a.. (1996):From fly vision to robot vision: Bionics of signal processing. In: Nachtigall, W. / Wisser, A. (1996): Biona-report 10. Technische Biologie und Bionik 3. Mannheim. Gustav Fischer Verlag. S.47ff.

-

- Heynert, H. (1976): Grundlagen der Bionik. Berlin. Deutscher Verlag der Wissenschaften

- Kleisny, H. (2001): Warum Fliegen sich im Kino langweilen. 2. Auflage. Libri Books

- Nachtigall, W. (1998): Bionik. Grundlagen und Beispiele für Ingenieure und Naturwissenschaftler. Berlin/Heidelberg. Springer Verlag

- Neumann, D. (1996): Zwischen Biologie und Technik: Die Entwicklung der Bionik. In: Nachtigall, W. / Wisser, A. (1996): Biona-report 10. Technische Biologie und Bionik 3. Mannheim. Gustav Fischer Verlag. S.15-22

Internetquellen:

- http://www.bionik.tu-berlin.de/institut/skript/B1Fol11.ppt#3
  Stand: nicht bekannt
- http://www.uni-saarland.de/fak8/bi13wn/wabionik.htm#BM2
  Stand ; 31.05.2007
- http://www.spektrumdirekt.de/sixcms/media.php/924/bionik.pdf
  Stand: 25.06.2007
- http://www.uni-saarland.de/fak8/bi13wn/tv/artikel/roboter.htm ;
  Stand: 31.05.2007
- http://www.m-elrob.eu/
  Stand : 18.05.2008
- http://www.c-elrob.eu/
  Stand : 18.05.2008
- http://en.wikipedia.org/wiki/EUREKA_Prometheus_Project
  Stand: November 2007

- http://www.golem.de/0708/54280.html
  Stand: 23.08.2007
- http://www.dasauge.at/aktuell/foto_film/e1058?bild=1469
  Stand: 25.03.2008
- http://www.photoscala.de/Artikel/Papierduenne-Kamera-nach-dem-Prinzip-von-Insektenaugen
  Stand: 15.06.2004
- http://zitate.net/zitat_1205.html
  Stand: 25.05.2008

7. Abbildungsverzeichnis

Abb.1 -   http://www.tolle-seite.de/media/DIR_86003/DIR_88380/250px-
            Facettenauge_einer_Libelle.jpg
Abb.2 -   http://www.sgersing.de/pdf/SFT015.pdf
Abb 3 -   http://www.sgersing.de/pdf/SFT015.pdf